SOCIÉTÉ ROYALE ET CENTRALE D'AGRICULTURE.

EXTRAIT DU RAPPORT

OU

PROCÈS-VERBAL DU VOYAGE

DES COMMISSAIRES

DE LA COMMISSION ADMINISTRATIVE

DE LA SUCCESSION DELAMARRE

POUR LA PRISE DE POSSESSION

DU DOMAINE D'HARCOURT,

AU NOM

DE LA SOCIÉTÉ ROYALE ET CENTRALE D'AGRICULTURE.

COMMISSAIRES :

MM. CHALLAN, HUZARD père, HUERNE DE POMMEUSE, HÉRICART DE THURY, *Rapporteur*.

Juin 1828

PARIS,

IMPRIMERIE DE Mme. HUZARD (NÉE VALLAT LA CHAPELLE),

IMPRIMEUR DE LA SOCIÉTÉ,

RUE DE L'ÉPERON SAINT-ANDRÉ, N°. 7.

1828.

(Extrait des *Mémoires de la Société royale et centrale d'Agriculture*, année 1828.)

OBSERVATIONS PRÉLIMINAIRES.

La Commission administrative de la succession *Delamarre* (1), après avoir entendu la lecture du procès-verbal du voyage de MM. *Héricart de Thury*, *Huerne de Pommeuse*, *Huzard* et *Challan*, qu'elle avait nommés Commissaires pour aller prendre possession des propriétés que lui a laissées M. *Delamarre*, a décidé que la première partie du procès-verbal de ses Commissaires, relative au domaine d'Harcourt, à raison de l'intérêt

(1) Cette Commission, nommée par la Société royale et centrale d'agriculture, est composée de MM. le Vicomte *Héricart de Thury*, président de la Société; le baron *Séguier*, vice-président ; le baron *de Silvestre*, secrétaire perpétuel ; le chevalier *Challan*, vice-secrétaire ; *Huzard* père, trésorier, le comte de *Tournon*, pair de France ; *Baudrillart*, administrateur des forêts ; *Huerne de Pommeuse*, commissaire du Roi pour les canaux de France ; et *Michaux*, auteur de l'*Histoire des Pins d'Amérique*, tous quatre membres de la Société. Cette Commission a nommé M. *Héricart de Thury* président et M. *Challan* secrétaire.

qu'elle présente, sous le triple rapport des défrichemens, des plantations et de leur aménagement, serait imprimée dans le recueil des *Mémoires* de la Société, et tirée à part pour être distribuée à tous ses membres et correspondans.

C'est donc la première partie de ce rapport que nous publions. Nous y avons joint quelques notes et recherches, pour faire connaître aux membres de la Société l'histoire de cet antique domaine des barons et comtes d'Harcourt, aujourd'hui la propriété de la Société royale et centrale d'agriculture, par suite du testament de M. *Delamarre*, qui l'a instituée sa légataire universelle.

EXTRAIT DU RAPPORT

OU

PROCÈS-VERBAL DU VOYAGE

DES COMMISSAIRES

DE LA COMMISSION ADMINISTRATIVE

DE LA SUCCESSION DELAMARRE,

Pour la prise de possession

DU DOMAINE D'HARCOURT,

AU NOM

DE LA SOCIÉTÉ ROYALE ET CENTRALE D'AGRICULTURE.

L'AN mil huit cent vingt-huit, le vendredi 20 juin, nous, soussignés, *Héricart de Thury*, président de la Société royale et centrale d'agriculture; *Challan*, secrétaire perpétuel adjoint; *Huzard*, trésorier, et *Huerne de Pommeuse*, membre de la Société (M. le baron *de Silvestre*, également commissaire, ne pouvant faire le voyage par suite d'indisposition), tous quatre membres de la Commission chargée de suivre la liquidation de la succession de feu M. *Louis-Gervais Delamarre*, propriétaire cultivateur forestier (1), lequel a institué sa légataire universelle la So-

(1) M. *Louis-Gervais Delamarre*, né à Mello, département de l'Oise, en 1766, et décédé à Paris le 27 juillet 1827.

ciété royale et centrale d'agriculture, par testament du 6 avril 1825, enregistré à Paris le 1er. avril 1827, et déposé à Me. Robert Dumesnil, notaire royal à Paris, en vertu de l'ordonnance de M. le président du tribunal de première instance du département de la Seine, contenue en un procès-verbal étant au greffe dudit tribunal,

---

appartenait à une famille ancienne et honorable. Successeur de M. Bourgeon, procureur au Châtelet, il s'acquit dans l'exercice de sa charge une très-grande considération. Plusieurs fois, pendant la révolution, il exposa sa vie pour sauver celle de ses cliens. Retiré des affaires, il se livra entièrement à l'agriculture, et particulièrement à l'étude des plantations, dont il fit, dans le domaine du Viel-Harcourt, qu'il avait acheté en 1802, une belle application, qu'il se plaisait à appeler sa création d'une richesse millionnaire, et qu'il légua, par son testament, à la Société royale et centrale d'agriculture, pensant *avec satisfaction, qu'après sa mort, il pourrait encore être utile à son siècle, au gouvernement de son prince et à son pays, etc.* Il espérait, au moyen de ce legs, que son bel établissement serait conservé et qu'il resterait comme un témoignage de son industrie éclairée et comme un exemple qui exercerait peut-être quelque jour une grande influence et pourrait lui mériter des imitateurs.

Tel était le plus ardent des vœux de M. *Delamarre*, qui les exprime avec abandon dans les notes confidentielles qu'il a laissées. « J'ai trouvé, dit-il, ma traversée de la vie ex» cessivement pénible et laborieuse. Si je suis riche au-

à la date du 28 septembre 1827, l'article 8 dudit testament portant :

« *Je donne et lègue le surplus de mes biens, droits et actions à la Société royale et centrale d'agriculture, séant à Paris, et qui a été l'objet de l'ordonnance du Roi, du* 14 *juillet* 1814, *por-*

» jourd'hui, ce n'est pas dans l'acception ordinaire qu'on » attache à cette expression ; si je suis riche, c'est de ser- » vices rendus, c'est de bienfaits, c'est de travail, c'est » d'espérance de l'utilité que mon entreprise pourra avoir, » non pour moi, mais pour les autres ; car, dans la culture » des bois, qui m'offre ces espérances, celui qui s'y adonne » ne peut en retirer que cette jouissance morale d'avoir » créé des richesses pour ses semblables ; mais pour la jouis- » sance matérielle il en est plus ou moins exclus, parce » qu'elle se fait attendre trop long-temps. »

M. *Delamarre* a publié deux ouvrages sur la culture des arbres d'essences résineuses. Le premier a pour titre : *Traité pratique de la Culture des Pins à grandes dimensions, de leur aménagement, de leur exploitation, et des divers emplois de leurs bois*. Paris, Madame *Huzard*, 1826.

Le second de ces ouvrages a paru l'année de sa mort ; il l'avait intitulé : *Historique de la création d'une richesse millionnaire par la culture des Pins, ou application du Traité pratique de cette culture, et conseils aux héritiers de l'auteur de cette création pour l'utiliser dans tous ses avantages*. Paris, Madame *Huzard*, 1827.

tant son rétablissement, instituant, à cet effet, cette Société ma légataire universelle.

» L'objet principal que je me propose dans cette institution est de procurer à la Société centrale d'agriculture une dotation qui sera probablement millionnaire.

» J'y vois d'ailleurs l'avantage d'un meilleur moyen de procurer à la création de richesses en bois, que je me trouve faire dans mon modeste domaine du Viel-Harcourt, tout le développement que l'heureuse brièveté de la vie m'empêchera de lui donner personnellement, parce que je suis persuadé que la Société préférera de beaucoup conserver ce domaine, et employer la portion nécessaire de mes autres biens, droits et actions, à acquitter mes legs particuliers, ainsi que mes dettes, si, contre mon attente, il m'arrivait d'en laisser; que, d'autre part, je ne suis pas moins persuadé que la Société trouvera évidemment avantageux, pour elle-même et pour l'utilité publique, de faire continuer à cette création de bois les soins nécessaires pour en retirer le plus grand profit possible, et pour qu'à l'aide de ses soins la chose puisse servir, sinon d'exemple, du moins de preuve, de témoignage et de démonstration matérielle, des immenses productions

qu'on peut obtenir de la culture et de l'administration des bois, en y apportant les mêmes soins qu'on donne assez ordinairement à la culture arable; que même cette heureuse et fortunée création de bois pourrait devenir, par la volonté de la Société, une école théorique et pratique de la culture des bois, de leur aménagement, de leur meilleure exploitation et des nombreux emplois d'utilité dont ils sont susceptibles.

» *Alors, j'aurais sujet de me flatter que, durant des siècles, mon modeste domaine resterait dans les mêmes mains, qui, toujours, le consacreraient à l'utilité publique, et que, probablement, cette possession ne serait pas moins prolongée que celle à laquelle j'ai succédé en* 1802.

» *Alors aussi (sur-tout si, au lieu d'être bornée à un seul million, mon institution devait en produire plusieurs à l'aide de quelques lustres d'à présent) la Société aurait des moyens de rendre des services, pour ainsi dire sans bornes, à la culture arable, comme à la culture et à l'administration des bois, que j'ai particulièrement en vue.*

» *Ainsi, la Société pourrait avoir des Fermes expérimentales.*

» *Elle pourrait honorer et salarier des pro-*

fesseurs, des ingénieurs tant agricoles que forestiers, ainsi que des élèves ; par conséquent, avoir des écoles d'application, et remplir le vœu si souvent émis de l'enseignement public de l'agriculture, de manière que, dans toutes les parties du Royaume, les propriétaires trouveraient à volonté des sujets propres à améliorer leurs biens ruraux, notamment dans la partie des bois, comme il y en a pour l'architecture et la construction des bâtimens, pour la construction des usines et de leurs ingénieuses machines, pour les constructions maritimes, pour les ponts et chaussées, les fortifications, etc., chose qui remplirait si bien les vues manifestées par M. de Vauban, *dans ce qu'il appelait modestement ses* oisivetés.

» *La Société aurait également des moyens de créer à son propre compte des bois dans de certaines localités où il y en a une disette affligeante, et dans celle où il importerait de salubrifier l'air, ainsi que de pouvoir reboiser des montagnes imprudemment mises à nu, de manière que, par de tels exemples, la Société enseignerait les moyens ou les procédés d'exécution en même temps qu'elle encouragerait de semblables travaux dans toutes les contrées où ils seraient utiles.*

» *Elle aurait aussi le moyen de fonder de*

larges prix et de donner des accessit *aux meilleurs traités, mémoires et dissertations sur des parties fort importantes, ce me semble, de l'économie politique, telles que*

» 1°. *La science des idées, qui, depuis longtemps, me paraît si distincte et si rarement réunie à la science d'exécution ;*

» 2°. *Cette science d'exécution, qui, je le répète, est rarement le partage de ceux qui déjà ont l'éminent avantage de la science des idées ;*

» 3°. *L'utilité qu'il y aurait à ce que l'une et l'autre de ces deux sciences fussent professées sous le rapport de leur application à l'art agricole et forestier;*

» 4°. *La division des facultés intellectuelles de l'homme et la division de son travail immatériel ;*

» 5°. *Les avantages immenses qu'on obtiendrait d'une application plus générale des principes du travail matériel de l'homme dans ce qui a rapport à l'exécution ou à la pratique de l'art agricole ou forestier.*

» *En me réjouissant de la douce et honorable idée d'apercevoir dans l'avenir qu'avec les bienveillans soins de la Société d'agriculture de France, les fruits de mon travail, de mes veilles, de ma conduite honnête, sage et laborieuse, de mes bonnes mœurs, de mon intelligence, ainsi que de ma persévérance dans la culture des bois, pourraient conduire à tant de choses utiles à mon pays et à l'humanité, je me hâte d'ajouter et d'expliquer que, dans tout ce que je viens d'exprimer,* je n'entends rien prescrire, ni imposer aucune condition au legs universel qui précède toutes ces choses. *Je n'ai eu l'intention que d'émettre des idées, dont la Société, instituée ma légataire universelle, n'aura à faire que le cas qu'il lui plaira.* »

La Société royale et centrale d'agriculture ayant été autorisée, par ordonnance de Sa Majesté, du 17 janvier 1828, à accepter le legs universel que lui a fait M. *Delamarre*, nous avons été nommés Commissaires spéciaux pour la prise et mise en possession des domaines qui font partie de la succession.

Nous sommes partis de Paris, ledit jour vendredi 20 juin, à cinq heures du matin, et nous sommes arrivés au château de Viel-Harcourt à sept heures du soir.

ETAT ACTUEL DU CHATEAU D'HARCOURT (1).

Notre tâche, nous ne l'ignorons pas, Messieurs, devrait se borner à vous faire connaître l'état dans lequel nous avons trouvé les domaines et propriétés de M. *Delamarre*, les observations que nous avons pu recueillir, et les propositions que nous avons à vous faire pour leur conservation, leur aménagement et leur amélioration. Cependant nous croyons ne pas de-

---

(1) Harcourt est un bourg du canton de Brionne, arrondissement de Bernay, département de l'Eure, entre Neubourg, Beaumont-le-Roger, Thiberville, Brionne et le Bec, dans une belle plaine très-fertile. On y trouve un hospice pour les malades et les orphelins, desservi par une communauté de religieuses de l'ordre de St.-Augustin, et fondé par la famille d'Harcourt. La population est de douze à treize cents âmes. L'église d'Harcourt est une des plus anciennes du pays ; elle a été restaurée à diverses époques, ainsi qu'on peut en juger par les différentes constructions qu'on y remarque. Le comté d'Harcourt comprenait vingt paroisses. Il ne faut pas le confondre avec Harcourt situé dans le Calvados, sur la rivière de l'Orne, à trois myriamètres de Caen, autrefois connu sous le nom de Marquisat de Thury, et érigé, en 1700, par Louis XIV, en duché, en faveur de Henri d'Harcourt de Beuvron, capitaine des gardes et depuis maréchal de France.

voir passer sous silence les sentimens que nous avons éprouvés au moment où, par un de ces jeux, disons mieux, par un de ces coups de fortune qui sont au-dessus de toute prévision humaine, au nom de la Société d'agriculture, vos Commissaires ont pris possession de l'antique et célèbre manoir seigneurial des nobles barons et comtes d'Harcourt, issus de ce célèbre Bernard-le-Danois, descendant des rois de Saxe et de Danemarck; de ces fidèles compagnons d'armes des ducs de Normandie; de ces hauts et puissans alliés des maisons de France, de Castille, de Lorraine; enfin de tous ces preux dont les noms illustres se retrouvent à chaque page des histoires de France et d'Angleterre, et auxquels, vous, agriculteurs, vous êtes aujourd'hui appelés à succéder.

Il est impossible, Messieurs, de vous exprimer ce que dûrent éprouver, ce qu'éprouvèrent en effet vos Commissaires, en pénétrant dans cette enceinte héroïque, encore entourée de fossés profonds, de glacis et de remparts, aujourd'hui couverts de chênes séculaires; dans cette enceinte redoutable, qui, après avoir retenti pendant tant de siècles du bruit des armes, des clairons et autres instrumens de guerre, ouverte, démantelée et déserte, est vouée au silence le plus imposant, interrompu par la chute de ses vieux créneaux ou celle de ses tours nombreuses, disparaissant peu à peu sous l'épais feuillage de lierres antiques qui s'étendent sur leurs immenses débris et en voilent l'étendue.

Vous voudrez bien excuser ces détails, Messieurs; mais nous ne pouvions nous dispenser de vous faire connaître et partager les émotions que nous avons éprouvées. A cet égard, nous nous flattons que vous voudrez bien nous permettre de vous présenter une rapide analyse de l'histoire du château des anciens comtes d'Harcourt, dont vous êtes aujourd'hui les propriétaires, et dont vous devez naturellement désirer connaître l'antique origine.

NOTICE HISTORIQUE SUR LE CHATEAU D'HARCOURT.

La première date historique bien constatée, qui fasse mention de ce château, est de l'an 917, lorsque Bernard-le-Danois, premier baron d'Harcourt, amena, de son château d'Harcourt, trois cents hommes d'armes pour venir au secours de Guillaume-Longue-Épée, duc de Normandie, dont il était conseiller et ministre.

Il est difficile de trouver l'étymologie du nom d'Harcourt. Les historiens des temps anciens varient, à cet égard, comme les actes et les chartes : ainsi l'on trouve dans des titres anciens : *Hari Curia*, *Haer*, *Her* et *Heri-Curia*, *Harecortis*, *Harecurtis*, *Harcutium* et *Harcusium*, tandis que quelques historiens supposent que la véritable étymologie est *arida curia*, d'autres *arida cultura*, et d'autres enfin (ce nous semble avec plus de fondement), *Hari cultura*, à raison de la belle culture de la plaine d'Harcourt. Au reste, et quelle que puisse être l'origine d'Harcourt, les noms latins que nous trouvons le plus fréquemment dans les actes sont ceux d'*Haricuria* et d'*Harecuria*.

Le château d'Harcourt dut être, dès son origine, un poste important par sa situation, ainsi qu'on peut en juger par les précautions qui avaient été prises pour le fortifier. En effet, placé à l'extrémité du bourg d'Harcourt, il se trouvait au débouché des grandes forêts de Brionne et de Neubourg, à l'entrée de cette riche et belle plaine à blé, qui s'étend de la vallée de l'Iton à celle de la Rille. Plusieurs autres châteaux, tels que ceux de Brionne, de Valville et de Beauficel, étaient également placés aux extrémités de ce plateau ou à la naissance des gorges profondes qui en descendent, et au moyen desquelles des armées ennemies pouvaient pénétrer dans cette plaine fertile pour la ravager.

Après la conquête de l'Angleterre par Guillaume, duc de Normandie, auprès duquel il resta douze ans, Errand ou Enguerrand d'Harcourt revint en France, et rebâtit son château d'Harcourt en 1078. Ses fossés larges et profonds, les remparts, les antiques et nombreuses tours qui flanquaient sa double enceinte, remontent probablement à ces temps reculés; mais on reconnaît dans l'ensemble de ces vieilles tours, aujourd'hui en ruines, plusieurs époques bien distinctes de construction et de restauration (1).

---

(1) Les monumens anciens se seraient difficilement conservés au milieu des ravages et des incendies auxquels ce pays a été si fréquemment exposé pendant les rivalités des deux premières races, l'irruption et la conquête des Normands, la domination du roi d'Angleterre pendant les longues guerres des ducs, comtes, barons et seigneurs châtelains. Il n'y a pas de ville, il n'y a pas de bourg, qui ne présentent quelques débris de murailles, de tours et de châteaux-forts : dans les campagnes même des restes de créneaux, de donjons, de fossés, de ponts-levis, etc., etc., annoncent toutes les dispositions pour une résistance, qui serait sans effet depuis l'usage de l'artillerie. *Monstrelet*, dans les livres de la *Chronique de Normandie*, célèbre tous les lieux qui furent témoins de la valeur des maîtres et

En 1124, sous Louis VI, roi de France, la guerre s'alluma dans cette partie de la Normandie, et les châteaux de Brionne, de Valville, de Beauficel et d'Harcourt furent successivement pris et repris.

En 1179, Robert d'Harcourt fonda, à l'extrémité de son parc, un prieuré sous l'invocation de Saint-Thomas de Cantorbéry, et y établit la sépulture de sa famille. L'église, richement décorée, renfermait de nombreux tombeaux, dont il ne reste plus aujourd'hui aucun vestige (1)

La baronnie d'Harcourt fut érigée en comté par Lettres de Philippe de Valois, expédiées de Vincennes au mois de mars 1328.

---

des habitans du pays. (*Mémoire statistique du département de l'Eure*, par M. *de Saint-Amand*, préfet de ce département. In-folio, Imprimerie royale.)

(1) On doit regretter les monumens du moyen âge que renfermait cette église. Les sculptures des stalles du chœur étaient de la plus grande délicatesse et d'un fini précieux. On y voyait un beau candélabre à sept branches, en cuivre doré, très-remarquable par ses ornemens. La sonnerie, réputée une des plus belles de France, était dans une grosse tour isolée, sous laquelle était, dit-on, l'entrée des grands souterrains qui remontaient jusqu'au château. La grosse cloche du prieuré, qui avait été donnée par le comte Jean d'Harcourt, et qui était une des plus fortes de France, est aujourd'hui dans le clocher de la cathédrale d'Evreux.

Pendant la captivité du comte d'Harcourt, fait prisonnier à la bataille d'Azincourt, en 1415, le duc de Clarence, frère de Henri V, roi d'Angleterre, ravagea le pays d'Evreux, et s'empara, en 1418, du château d'Harcourt et de toutes les richesses du comte Jean (1).

Dépossédé de tous ses biens par les Anglais, le comte d'Harcourt assista au sacre et au couronnement de Charles VII, roi de France, en 1429, assis sur le même banc que les grands-officiers de la couronne et les ducs de Clèves, les comtes de Charolais, d'Etampes, de Genève, de Saint-Pol, de Dunois, de Wurtemberg, Dubouchage, de Coucy, etc., etc.

En 1449, le sire de Talbot, poursuivi par le comte Dunois, se réfugia dans le château

(1) Le comte *Jean*, malgré ses désastres, était un des plus riches seigneurs de France. Suivant *le Ferron* et *Boulenc*, il avait trois cent mille écus d'or en son trésor, un riche cabinet d'armes, des images d'or des douze apôtres, une poule d'or avec ses douze poussins d'or. Il se faisait servir par douze chevaliers, chacun faisant un mois ; il avait une chapelle de chantres et de musiciens jouant de tous les instrumens. En 1415, il donna à l'abbaye du mont Saint-Michel une belle et riche statue d'argent du poids de soixante-seize marcs. Il avait également richement doté la chapelle de Saint-Thomas le martyr, du monastère du Parc

d'Harcourt, que le duc de Clarence avait laissé à son fils le duc de Sommerset. Talbot y ayant laissé Robert de Froquenval, chevalier anglais, avec sept-vingts hommes de guerre, se retira sur Pont-Audemer. Après quinze jours de tranchée et la brèche étant ouverte, Froquenval fut obligé de remettre le château d'Harcourt au roi, qui le rendit à son légitime seigneur, Jean d'Harcourt.

En 1464, le comté d'Harcourt passa dans la maison de Lorraine, par suite du mariage (en 1417) de Marie d'Harcourt, fille aînée du comte Jean, avec Antoine, duc de Lorraine, comte de Vaudemont, seigneur de Joinville, qui en rendit foi et hommage au roi, suivant les Lettres données à Tours le 21 décembre 1464.

Le château d'Harcourt a été rebâti, sous le règne de François Ier., au milieu de l'enceinte de l'ancien château primitif. On voit encore une partie des constructions de ce temps. Le château consistait alors en un grand corps-de-logis, avec des tours aux angles et sur les ailes. Il était surmonté d'un donjon très-élevé, qui dominait sur toute la plaine, et d'où l'on apercevait les autres châteaux du comté d'Harcourt ou des comtés voisins. On renonça, à cette époque, aux anciens souterrains qui s'étendaient du château dans la grande gorge qui est au-dessous, et qui descendaient même jusqu'à la grosse tour du prieuré du Parc. M. *Delamarre* a fait reconnaître quelques-uns de ces souterrains, qui sont aujourd'hui en grande partie comblés.

Nous n'avons trouvé aucun renseignement sur les siéges que ce château a pu soutenir postérieurement. Cependant on voit encore, sur quelques parties de ses murailles, des indices certains d'attaque, mais sur lesquels nous n'avons recueilli aucune donnée. Peut-être, dans les guerres du seizième et dans celles du commencement du dix-septième siècle, eut-il de nouveaux siéges à soutenir; peut-être sa ruine date-t-elle de l'ordonnance de Louis XIII, pour la démolition de tous les anciens châteaux-forts; mais ce qui est certain, c'est que le château qui existe aujourd'hui est évidemment une restauration faite, vers 1700, de celui qui fut rebâti sous François Ier.; qu'on y a employé des matériaux d'anciennes constructions et qu'on a conservé une partie de l'ancien château, sans néanmoins donner à son ensemble aucune régularité. Les fossés qui étaient à l'est et au nord furent alors comblés, et l'on fit en avant une terrasse, une cour d'honneur, un jardin potager et un vaste parterre en tête de la grande avenue qui descendait du château au prieuré du Parc, et à l'extrémité de laquelle était une antique futaie de beaux sapins, qui fut abattue en 1776.

ÉTAT D'HARCOURT LORS DE L'ACQUISITION FAITE PAR M. DELAMARRE.

En 1802, lorsque M. *Delamarre* fit l'acquisition du domaine d'Harcourt, il consistait en terres, bois et landes, ou grandes friches servant de pâture. Pour pouvoir se livrer entièrement à l'exécution du projet qu'il avait conçu de restaurer les bois et de planter toutes les landes ou friches dépendantes d'Harcourt, il vendit les terres cultivables. La contenance du domaine est encore aujourd'hui de trois cents hectares, ou environ quatre cents acres de mesure locale (1).

En 1802, lors de l'acquisition, le château d'Harcourt, dont la possession, dit M. *Delamarre* (2), a duré plus de sept cents ans dans la même famille, qui comptait parmi ses membres Henriette de France, fille du bon Roi Henri, le château d'Harcourt était dans l'état de délabrement que présente une habitation abandonnée

(1) L'acre a une contenance de cent soixante perches de vingt et un pieds de roi.

(2) *Historique de la création d'une richesse millionnaire*, par M. *Delamarre*, page 224.

depuis près d'un siècle, sans aucun entretien ni réparation. Ce château était en effet abandonné depuis longues années, et les plus anciens du pays ne se rappellent même pas d'y avoir vu venir les derniers propriétaires (1) : la tradition seule en conserve quelques souvenirs.

M. *Delamarre*, ayant acheté le domaine d'Harcourt sans l'avoir vu, fut effrayé de l'état de ruine dans lequel il le trouva, et se borna à s'y arranger un logement pour les voyages qu'il y faisait habituellement une fois l'année. Il fit murer toutes les fenêtres jusqu'à leurs impostes ; il ordonna d'entretenir avec soin la couverture du château et de ses tours; enfin il se décida à abandonner et à démolir entièrement tous les bâtimens de la basse-cour, construits et adossés contre la grande enceinte extérieure du vieux château des barons d'Harcourt.

D'après ces détails, vous pouvez juger, Messieurs, dans quel état de ruine nous avons trouvé le château d'Harcourt. Nous ne pouvons pen-

---

(1) Par un acte de licitation de l'année 1784, entre les héritiers de madame la princesse de Noailles-Poix et M. le duc de Richelieu-Fronsac, descendant, ainsi qu'elle, des derniers princes de Guise, l'ancien comté d'Harcourt passa aux héritiers de madame de Poix.

ser que jamais vous vous décidiez à le faire restaurer pour le mettre en état d'être habité. D'ailleurs, sur quels motifs pourrait-on vous en faire la proposition ? Vous vous bornerez probablement à entretenir les couvertures, pour prévenir une plus grande dégradation, et plus tard, mieux éclairés par vos Commissaires, vous prononcerez sur le parti qu'il conviendra de prendre. Pour le moment, il nous suffit de vous avoir fait connaître l'état de ce château, de vous avoir dit que ses tours sont lézardées de fond en comble, que ses hautes murailles sont écartées en plusieurs endroits, que les plafonds sont détachés, qu'il n'y existe plus, depuis long-temps, aucune croisée dans les étages supérieurs; enfin, nous nous bornerons à vous proposer d'entretenir uniquement, ainsi que le faisait M. *Delamarre*, les couvertures et les clôtures. Nous avons cru devoir ordonner de suite quelques légères réparations que nous avons considérées comme de la plus grande urgence, pour prévenir des accidens qui pourraient arriver.

Dans un tel état de choses, vos Commissaires n'auraient pu trouver à se loger, si M. *Harel*, notaire royal à Harcourt, ami de M. *Delamarre*, et par lui chargé de la gestion de ses biens, ne leur avait offert l'hospitalité avec une obligeance qu'il est d'autant plus essentiel de reconnaître, que M. *Harel* nous a priés d'être, auprès de la Société royale, l'interprète de ses sentimens, et de vous demander de lui accorder la faveur de recevoir vos Commissaires chaque année, et même toutes les fois que vous jugeriez nécessaire d'en envoyer à Harcourt.

Président de la Chambre des notaires de l'arrondissement de Bernay, M. *Harel* jouit, Messieurs, dans son département, d'une considération qu'il mérite à tous égards. Il a vu M. *Delamarre* commencer ses travaux; il les a suivis et même dirigés; il a fait lui-même beaucoup d'essais, dont M. *Delamarre* a reconnu les avantages. C'est à lui que vous devez une grande partie des améliorations introduites dans les plantations et dans leur aménagement. M. *Delamarre* s'est plu à reconnaître ses soins par un article spécial de son testament. Dans l'examen que nous avons successivement fait de toutes les parties des bois d'Harcourt, de Valville et de Beauficel, nous avons pu juger que, si M. *Harel* connaissait parfaitement ces bois et ces plantations, il vous présentait encore un avantage non moins précieux pour vous, celui de connaître particulièrement toutes les espèces d'arbres résineux, et d'avoir acquis, par ses essais, ses succès et les travaux faits sous ses yeux, la connaissance des espèces qui conviennent de préférence à tel ou tel terrain, et les saisons ou les époques les plus convenables pour faire les travaux qu'elles pourraient exiger.

Vous jugerez et vous apprécierez facilement, Messieurs, de quelle ressource nous a été M. *Harel* dans notre prise de possession, et tout ce que vous pouvez attendre de son obligeance. Il mérite à tous égards votre confiance et votre considération; mais nous vous dirons plus : M. *Harel* est un homme instruit, qui peut vous éclairer sur vos véritables intérêts. Il connaît mieux que personne vos bois et vos plantations d'Harcourt; il sait quels sont les travaux à y faire; il sait quelles sont les ressources que vous pouvez en attendre; il sait, enfin, les améliorations que M. *Delamarre* projetait encore et que vous ferez successivement. D'après ces motifs, nous avons l'honneur de vous proposer, Messieurs : 1°. de le nommer votre correspondant dans l'arrondissement de Bernay, et 2°. de chercher les moyens de reconnaître les soins et les attentions de M. *Harel*, pour l'accueil qu'il a fait à vos Commissaires et qu'il ne convient point de laisser à sa charge.

VISITE ET RECONNAISSANCE DES BOIS ET PLANTATIONS.

Bois d'*Harcourt*.

Le samedi 21, nous commençâmes la visite du bois d'Harcourt par les Remises, et nous allâmes ensuite au bois de Beauficel et à celui de Valville.

M. *Delamarre* dit, dans sa *Création d'une richesse millionnaire par la culture des pins,* que ses premiers travaux ont eu lieu exclusivement en bois d'essences feuillues, tels que le chêne, le hêtre, le charme, le châtaignier, le bouleau, le frêne, l'orme, le sycomore, l'acacia, le peuplier, le cytise-ébénier, et qu'il n'en a obtenu aucun succès définitif, les semis de bouleau seuls exceptés, et que la prospérité de ceux-ci ne se soutenant pas généralement, il s'est bien trouvé de remédier au dépérissement de ses anciens bois et de ses nouvelles plantations par des semis de pins.

Nous avons bien reconnu que la nature du terrain, dans beaucoup d'endroits, ne convient pas en effet à quelques-unes des espèces feuillues que M. *Delamarre* avait essayé d'y propager; mais nous pensons aussi que, dans beaucoup d'autres endroits, plusieurs espèces feuillues, bien soignées dans le principe, eussent mieux réussi que les pins; et les beaux chênes, les hêtres, les frênes et autres grands arbres que nous y avons trouvés, ou à peu de distance, dans de semblables terrains et à même exposition, prouvent la vérité de cette assertion. Au reste, le principe sur lequel s'est fondé M. *Delamarre* pour faire ses plantations est généralement vrai, ainsi que nous aurons occasion de le voir, en vous parlant successivement de chacun de ces bois.

C'est en 1811 qu'il commença à se livrer à la culture des pins, se fixant d'abord à celle des pins maritimes ou de Bordeaux, dont il tira les graines du Maine, le climat étant plus en harmonie avec celui d'Harcourt que ne l'est le climat des landes de Bordeaux.

En 1812, il introduisit dans ses essais le pin sylvestre d'Écosse, dont il tira également les graines du Maine, et, plus tard, il tenta la culture des mélèses d'Europe, du sapin-pesse ou épicéa, du pin du lord ou pin de Weymouth, des pins-laricios de Corse, de Calabre, de Caramanie, de Crimée et d'Amérique, des pins sylvestres de Riga, de Haguenau et de Genève, des pins de Népaul, des Abruzzes, de New-Jersey ou pin mitis, du sapin blanc ou de Normandie, etc., etc.

Enfin, en parlant de ses plantations, M. *Delamarre* a cité toutes les personnes dont il a recueilli les conseils ou obtenu des graines, et parmi les noms que dans sa reconnaissance il s'est plu à répéter, nous retrouvons plus particulièrement ceux de MM. *d'André*, *Bosc*, *Michaux*, *Vilmorin*, *de Monville*, *Héricart de Thury*, *Baudrillart*, *Larminat*, *Dralet*, *Trochu de Belle-Isle*, *Bérard*, *du Chateney*, *le Marchand de Foulongues*, *Bonard*, *Cels*, *Noisette*, *Loiseleur de Longchamps*, *Fery*, *etc.*, *etc.*

Bois des Remises des Voies.

Les Remises des Voies sont un taillis de dix hectares environ, à l'extrémité orientale du territoire d'Harcourt, sous les grandes friches ou pâtures communales. Le terrain en pente est un peu argileux dans une partie; dans le bas, il est humide et quelquefois couvert d'eau. Le fond est en général caillouteux. Le taillis des Remises est en bon état, bien venant et bien fourré, avec quelques belles réserves. On y trouve quelques pins d'Écosse ou sylvestres, plantés en 1824, qui s'annoncent assez bien

Le bois des Remises est exploité en deux coupes à l'âge de douze ans; elles sont séparées par un chemin fermé de barrières à ses deux extrémités.

Bois de Beauficel.

En 1802, lors de l'acquisition d'Harcourt, le canton de Beauficel, qui est de quarante hectares environ, n'offrait qu'une lande absolument nue, couverte çà et là de bruyères, d'ajoncs, de genêts épineux, et dans quelques endroits de fougères. Ce canton offre aujourd'hui un beau bois de pins entièrement dû à M. *Delamarre.*

Dans sa partie supérieure, le bois de Beauficel présente quelques vestiges de terre rouge caillouteuse. Généralement le silex s'y montre partout; mais, sur quelques points, on trouve du sable noir de bruyère, un peu tourbeux, mélangé de fragmens de silex. Dans quelques places, ce sable a été entraîné, et l'on ne voit que des silex plus ou moins fracturés. Enfin, au midi et à l'ouest, sont des pentes escarpées entièrement sableuses et caillouteuses. Le premier défrichement fut fait à la charrue à défricher ou à essarter, en 1804; et les bois feuillus qui y avaient été plantés, les bouleaux exceptés, ayant généralement manqué, M. *Dela-*

marre commença à y introduire les pins en 1811.

Le bois de Beauficel, éloigné d'environ quatre kilomètres d'Harcourt, est divisé en douze massifs par des haies ou des chemins, savoir :

N°. 1. *La vente Morinière de Chalandray*, dont les pins, âgés de dix-sept ans, présentent, ainsi que le dit M. *Delamarre*, une jeune futaie d'un aspect fort avantageux. Les semis faits en 1811 sont de pins maritimes, et ceux de 1823, faits dans les clairières, sont un mélange égal de pins sylvestres d'Ecosse et de pins maritimes.

N°. 2. *La vente Vocance* est moitié sur le plateau et moitié en côte escarpée. Les semis de pins maritimes y ont été faits sur un défrichage à la charrue fait, de 1810 à 1811, sur le plateau, mais à bras d'hommes dans les pentes. On y trouve aussi quelques pins d'Ecosse semés en 1813. M. *Harel* a fait semer dans la côte, au milieu des pins, un rayon de mélèses en 1815. Leur admirable végétation prouve le succès qu'on aurait obtenu si toute cette côte avait été semée en mélèses, qui convenaient essentiellement au terrain.

N°. 3. *La vente Mégathe*. Les deux tiers de cette vente sont en pentes plus ou moins escarpées. Le pin sylvestre d'Écosse domine dans cette vente, qui fut semée en 1811; mais on y trouve aussi des pins maritimes. En 1817, on y sema des pins sylvestres d'Alsace, et des pins de Weymouth, en 1819; enfin en 1823, 1824 et 1826, on y a ressemé les places où il n'y avait point de plant; mais ce n'est que par la transplantation de pins sylvestres et de pins maritimes qu'on est enfin parvenu à garnir entièrement cette vente.

N°. 4. *La vente Harel* présente plusieurs espèces résineuses plus ou moins précieuses, semées en 1813 sur un labour fait à la charrue dixhuit mois auparavant, telles que des pins sylvestres, des pins maritimes, des pins de Riga, de Haguenau, des mélèses, semés en 1811, quelques épicéas, des pins de Weymouth, des pins-piniers, des pins-laricios de Calabre, de Corse, d'Amérique et de Caramanie, des pins sylvestres hâtifs du bois de Boulogne, des pins mitis de New-Jersey, des pins des Abruzzes, enfin des pins du Népaul; ces derniers semis faits en 1815 et 1816.

N°. 5. *La vente Delamarre-des-Bois*. Ce terrain, labouré dans l'hiver de 1811 à 1812, avait été semé en 1812, moitié en pins maritimes et moitié en bouleaux. En 1816, on a fait des semis de pins sylvestres de Haguenau dans tous les vides.

N°. 6. *La vente Caroline*, qui avait été primitivement plantée en bouleaux, dont il reste quelques parties, offre aujourd'hui un très-beau bois de pins maritimes et de pins d'Ecosse de différens âges.

N°. 7. *La vente Bosquier* (1) est une de celles qui ont présenté le plus de difficultés et qui ont exigé le plus de travaux. Les pins qui s'y trouvent sont des pins maritimes et des pins d'Ecosse semés en 1811, 1814, 1815 et 1819, qui sont également très-beaux. Outre ces pins, il existe encore dans cette vente quelques épicéas et quelques mélèses, mais auxquels le terrain ne paraît point convenir.

N°. 8. *La vente Binot fils*. Cette vente présente une partie escarpée où domine le sable noir de bruyère avec des silex fracturés très-

---

(1) M. *Delamarre* a donné à cette vente le nom de l'un de ses amis, M. *Bosquier*, maire du Bourgtheroulde, qui voulait bien se charger de l'administration de ses biens ruraux dans l'arrondissement de Pont-Audemer. M. *Bosquier*, dont nous parlerons dans la seconde partie de notre rapport au sujet des fermes de Launay et de Thibouville, est un ancien notaire et jurisconsulte distingué, très-versé dans toutes les questions d'économie rurale : aussi, nous sommes-nous empressés de proposer à la Société de le nommer son correspondant dans cette partie du département de l'Eure.

abondans. En 1806, il y fut semé des châtaigniers et des bouleaux dans la proportion d'un quart. Ayant péri l'année suivante, ils furent remplacés par des pins maritimes et des pins d'Ecosse, et depuis on y a planté, avec le plus grand succès, des pins-laricios, des pins de Weymouth et quelques chênes-quercitrons.

N°. 9. *La vente Binot père* est toute en pins maritimes, semés en 1812 et 1813; mais depuis on a semé, dans les clairières, des pins d'Ecosse en 1819, 1820 et 1821. Ces semis sont généralement très-beaux.

N°. 10. *La vente Grémouin.* Les semis de châtaigniers et de bouleaux faits en 1806, ayant généralement péri, M. *Delamarre* les fit remplacer par des semis de pins sylvestres, de pins-laricios de Calabre et de pins maritimes, qui viennent tous très-bien.

N°. 11. *La vente du Souvenir* avait été, comme les précédentes, plantée en châtaigniers et bouleaux, qui ont été remplacés, en 1811 et 1812, par des semis de pins maritimes, et plus tard en pins sylvestres. Dans quelques parties, on voit des châtaigniers et des bouleaux, qui ont résisté et qui, jusqu'à présent, s'élèvent très-bien avec les pins.

N°. 12. *La vente des Inséparables*, enfin, est

encore une de celles qui avaient été plantées en châtaigniers et en bouleaux. Les semis de pins sylvestres et maritimes, qui y furent faits en 1812, présentent une très-belle végétation. On y trouve quelques pins de Riga, des épicéas de la Forêt-Noire, et des pins sylvestres de la forêt d'Aitonne, en Corse.

Bois de Valville.

Le bois de Valville est à huit kilomètres environ à l'ouest d'Harcourt; il tient par une extrémité au bois de Beauficel : il est placé sur les deux communes d'Harcourt et de Valville. Son étendue est d'environ cent trente-cinq hectares. C'était un ancien bois du domaine, en très-mauvais état lorsque M. *Delamarre* en fit l'acquisition, puisqu'on évaluait que ses nombreux vides pouvaient être de plus des trois cinquièmes de cette étendue. Il est traversé par la grande route départementale de Beaumont-le-Roger à Brionne. Une grande partie est sur le plateau; mais il s'étend sur la pente de la rive droite de la vallée de la Rille, qui est très-escarpée. A son extrémité nord, il n'est éloigné que d'un kilomètre de Brionne.

Le fond du terrain a beaucoup d'analogie avec celui du bois de Beauficel. La partie supérieure du plateau offre par places une terre argileuse plus ou moins compacte, que nous rapportons aux derniers strates de la constitution argileuse. Par-tout où elle manque, on trouve un sable quelquefois rouge et argileux, mais plus souvent noir, terreux, tourbeux, et contenant de nombreux éclats de silex fracturés. Dans quelques endroits, les silex sont à découvert, et en telle quantité qu'on y aperçoit à peine quelques traces de terre végétale; enfin, on trouve dans quelques parties des entonnoirs, ou *boit-tout*, en terme du pays, qui sont des puisards naturels remplis de sable et de gravier provenant de gouffres dus à l'action érosive du tourbillonnement des eaux et des silex ou cailloux qu'elles faisaient tourner et rouler dans l'intérieur de ces gouffres. Ces puisards, ou *boit-tout*, s'étendent quelquefois de la surface à une grande profondeur dans la masse de craie (1).

Comme le précédent, ce bois est divisé en

---

(1) On trouve également des gouffres ou puisards semblables dans les masses de gypse, de marne, de calcaire, d'argile et dans toute espèce de terrains de ces différentes natures, mais nous n'en avons jamais observé dans ceux d'ancienne formation.

douze ventes, dont le bois feuillu se coupe à douze ans.

N°. 1. *La vente du Foulray*. Les vides de cette vente ont été défoncés, en 1810, à la charrue, et semés en bouleau, qui s'annonça d'abord très-bien, mais qui fut remplacé, en 1813, partout où il avait manqué, par des semis de pins maritimes, renouvelés, en 1816, avec un succès complet.

N°. 2. *La vente du Buis* présente un semis mélangé de pins maritimes et de pins d'Ecosse, fait, en 1814 et 1815, dans les clairières de l'ancien bois feuillu.

N°. 3. *La vente des Deux-Morceaux*, ainsi nommée à cause de sa division en deux parties, dont l'une est de cinq sixièmes de l'étendue, et l'autre, d'un sixième seulement, offre, dans le grand morceau, le terrain le plus ingrat, uniquement composé de fragmens de cailloux, tellement entassés les uns sur les autres, que la charrue put à peine l'entamer. Les semis de bouleaux y ont été plusieurs fois tentés sans succès. Les pins semés en 1813 et 1819 ont eu beaucoup de peine à prendre; mais ils commencent à s'élever et promettent un plein succès. Ce sont des pins maritimes et des pins sylvestres d'Ecosse et de Genève.

N°. 4. *La vente de la Mare-Verte.* Toutes les tentatives de semis de bouleaux, faites, en 1810 et 1811, sur les places vides de cette vente, ayant échoué, on y sema, en 1813 et 1817, à l'aventure, en grande quantité, et sans aucune préparation du sol, de la graine de pin maritime et de pin d'Ecosse mélangés, qui présentent aujourd'hui la plus belle végétation.

N°. 5. *La vente du Petit-Hêtre.* Les semis de pins d'Ecosse et de pins maritimes qui y ont été faits pour remplacer ceux de bouleaux qui avaient à peu près généralement manqué datent de 1814 et 1818.

N°. 6. *La vente de Callouel* s'annonce pour être une des plus belles du bois de Valville. Les semis de bouleaux faits avec succès, en 1807, ont été successivement remplacés, en 1811, 1812 et 1813, par de nombreux semis de pins maritimes, faits sur défoncement à bras d'hommes, avec des pins-laricios de Calabre et des pins sylvestres de Riga, semés çà et là en 1819.

N°. 7. *La vente de la Longue-Côte et des Épines,* qui comprend la pente sur la rive droite de la belle vallée de la Rille, est de plus de vingt hectares. La charrue de fer n'ayant pu la défricher, les nombreux travaux qui ont été faits l'ont été à bras d'hommes, à différentes époques assez éloignées les unes des autres. Les semis de bouleau, faits en 1807 et 1808, avaient d'abord parfaitement réussi; mais ayant successivement manqué à peu près partout, M. *Delamarre* fit faire, en 1812, 1813, 1818, 1822 et 1825, différens semis de pins maritimes et de pins sylvestres d'Ecosse et de Genève mélangés, qui présentent généralement la plus belle végétation. M. *Delamarre* dit avec raison *qu'il a sujet de croire que ce sera une vente superbe et de grande importance par la beauté et la quantité d'arbres qui la meubleront.*

N°. 8. *La vente de la Marette* est une de celles qui ont présenté le plus de difficultés et qui ont été plus rebelles aux améliorations. Les bouleaux y ont d'abord assez bien réussi; ensuite ils n'ont plus que faiblement végété, et dépérissaient successivement. Les travaux préparatoires avaient cependant été faits avec la charrue de fer. Les semis résineux ont été faits et réitérés en pins maritimes et pins sylvestres d'Ecosse de 1815 à 1822, et malgré tous les soins qui leur ont été donnés, ils sont encore faibles et languissans en plusieurs endroits.

N°. 9. *La vente du Carrefour des Fiens* est une des plus belles restaurations du bois de Valville. Elle ne date que de 1813; mais de nombreux semis y ont été faits postérieurement, en 1814, 1815 et 1824, en pins maritimes, sylvestres et laricios.

N°. 10. *La vente du Fossé aux Merisiers* fut défrichée à la charrue de fer de 1809 à 1810, pour y semer du bouleau et des pins maritimes et d'Ecosse mélangés, en 1813 et 1814. Ces arbres rivalisent entre eux et sont d'une très-belle venue.

N°. 11. *La vente de la Mare du Fil* a été en grande partie labourée à la charrue, en 1810, pour les semis de bouleau; mais on fut obligé d'y faire des travaux à bras d'hommes, en 1811, 1813, 1814, 1819 et 1825, pour y semer des pins maritimes et des pins d'Ecosse mélangés, qui réussissent très-bien.

N°. 12. *La vente de dessus le Moulin et de la vallée* est assez bien meublée en bois feuillu. Il y existait cependant des places vides, dans lesquelles il a été fait des défrichemens et des semis de pins sylvestres et maritimes en 1813, 1814 et 1815, qui s'annoncent de la manière la plus favorable.

Observations.

M. *Delamarre* avait commencé la restauration du bois de Valville par des semis de bouleau. Ces semis, après s'être parfaitement montrés les premières années, ont été brûlés, et par suite remplacés en pins. Nous avons bien reconnu le succès obtenu généralement dans les semis d'essences résineuses ; mais nous ne pouvons cependant nous dissimuler que, dans beaucoup d'endroits, le saule, le marsault, le tremble, le charme, le hêtre, et même le chêne, auraient parfaitement réussi, puisqu'on en trouve qui viennent naturellement çà et là, et que nous avons même vu plusieurs grands chênes et hêtres, de plus de deux cents ans, qui indiquent les limites des bois de M. le marquis d'Aligre et de ceux de la Société. Nous ne pouvons également oublier que, dans plusieurs cantons, nous avons trouvé de jeunes sorbiers semés par des oiseaux, et qui annonçaient la plus belle végétation. Enfin, nous y avons remarqué des chênes provenant de glands perdus et s'élevant à merveille au milieu des pins. Nous avons demandé la conservation de tous ces arbres ; car nous pensons que ce serait à tort qu'on détruirait les essences de bois dur qui viendraient naturellement avec les pins, et qui, croissant sous leur ombrage tutélaire, sont peut-être destinées à repeupler un jour ces bois, après l'exploitation des pins.

Le dimanche, vingt-deux juin, à cinq heures et demie du matin, et sous la conduite du garde *Binot*, nous avons procédé à la reconnaissance du bois du parc, de la garenne, de la masure, du verger et de l'ancien potager.

Bois du Parc.

Le bois du parc, situé au nord et au nord-est du château, est de quatre-vingt-dix hectares ; mais il était beaucoup plus étendu anciennement ; il était fermé de murs. De belles plantations de sapins y avaient été faites à une époque reculée, mais elles avaient été entièrement exploitées avant l'acquisition de M. *Delamarre*, qui estime à plus du quart de son étendue les vides ou clairières qu'il trouva. Le terrain est assez tourmenté. Une petite partie est sur le plateau ; mais la majeure partie est sur les pentes d'une profonde vallée sèche, ou *banque* en terme du pays, qui reçoit les eaux de toute la plaine. Dans les parties supérieures, on trouve, comme à Beauficel et à Valville, un fond de terre rouge plus ou moins argileuse, et sur les pentes le sable noir à fragmens de silex.

Des travaux d'art et de grands mouvemens de terre ont été faits à diverses époques dans le bois du parc, notamment aux approches du château. Peut-être remontent-ils aux siéges que le château a soutenus ; peut-être ne sont-ils que d'anciennes exploitations de cailloux ou silex pour les constructions ; peut-être enfin ont-ils été faits pour rechercher des sources : il est impossible aujourd'hui de déterminer le motif pour lequel furent faits tous les mouvemens de terre que l'on remarque çà et là.

Enfin les habitans d'Harcourt affirment tous qu'il existe encore autour du château, et notamment sous l'avenue du prieuré du parc, de grands souterrains, dont plusieurs ont été indiqués par des éboulemens : M. *Delamarre* en a fait reconnaître quelques-uns.

Le bois du parc est divisé en douze ventes ou massifs. Les diverses espèces feuillues qui y viennent très-bien sont : le chêne, le charme, le hêtre, le bouleau, le tremble, le frêne, le coudrier, etc., etc. Ces arbres se trouvent particulièrement sur les fonds de terre argileuse : les vides ou clairières étaient généralement sur les fonds de sable noir de bruyère.

N°. 1. *La vente des porions.* Les travaux faits en cette vente, qui est très-escarpée dans la pente du sud, l'ont été à bras d'hommes, après la coupe des bois feuillus, en 1810 et 1811. Les essais de repiquage en bouleau, charme, érable, frêne et sycomore n'ayant pas réussi, on fit les premiers semis de pins maritimes en 1811, qui furent augmentés, en 1823 et 1824, de semis mélangés, dans la proportion de sept de pins maritimes et d'un de pins sylvestres.

N°. 2. *La vente de messire Pierre* présentait de grands vides dans la partie plane de bruyère, sur un fond de sable de bruyère, rouge, noir et caillouteux, qui a été défriché à la charrue et semé, en 1811 et 1812, en pins maritimes. En 1814, on y planta six cents pins maritimes levés de semis de quatre ans. Ils eurent d'abord de la peine à se faire à ce mauvais terrain, mais aujourd'hui ils végètent fort bien, aucun n'a manqué. Depuis, on a semé largement des pins de Riga et des pins sylvestres d'Ecosse, des mélèses et des sapins. Les semis de mélèses auraient pu très-bien réussir s'ils avaient été soignés : quant à ceux de sapins, la nature du fond, et plus encore son exposition brûlante, en plein midi, ne leur conviennent nullement.

N°. 3. *La vente de la mare aux moines*, labourée à la charrue en 1811, et dans quelques escarpemens à bras d'hommes. Les vides de cette vente furent semés, en 1812 et 1813, en bouleaux, qui manquèrent et furent remplacés par un mélange de graines de pins sylvestres, de pins maritimes et de bouleaux, augmentés de nouveaux semis en 1825 et 1826, mais qui deviendront inutiles par l'épaisseur et la beauté de ceux de 1813. Quant aux semis de mélèses et de sapins, ils ont eu le même sort que ceux de la vente précédente; et cependant les mélèses, bien soignés, pourraient y venir à merveille.

N°. 4. *La vente du vivier carré* est très-belle en bois feuillu dans le haut et dans le bas ; mais entre ces deux parties il existait dans les sables de bruyère de l'escarpement des vides très-étendus ou garnis de mauvais taillis, qu'on avait vainement cherché à améliorer, il y a soixante ans, par des semis de bouleaux. Son amélioration a éprouvé de très-grandes difficultés. Elle a commencé, en 1812, par des semis de pins maritimes et de pins d'Ecosse, réitérés ensemble ou séparément en 1814, 1817, 1818, 1819 et 1821. Ces divers semis annoncent généralement une très-belle végétation. Nous regrettons de ne pas voir de mélèses dans cette partie, où ils eussent infailliblement très-bien réussi.

N°. 5. *La vente de la mare aux loups* offrait plus de la moitié de sa surface en vides de bois feuillu dans la grande zône de sable de bruyère qui est à la tête de l'escarpement. Ces vides ont été labourés à la charrue de fer et semés avec succès en pins maritimes et pins d'Ecosse, en 1819, après la coupe des bois feuillus.

N°. 6. *La vente de la Cavée de la haie* présentait moins de vides que la précédente ; cependant des labours y ont été faits à la charrue, et là où le caillou était trop abondant ils furent faits à bras d'hommes. Le sol est très-varié dans cette vente. Dans les pentes, on trouve le sable de bruyère avec les silex fracturés ; mais dans le fond, les eaux ont déposé un bon limon argilo-calcaire. Les semis faits, en 1813, en pins maritimes et d'Ecosse, et ceux en pins de Riga faits en 1819, sont admirables. Dans l'annexe de cette vente, qui est coupée par le chemin de la haie, on trouve de beaux semis de pins d'Écosse, faits en 1822, et de plantations de 1823.

N°. 7. *La vente de la grande platière* a présenté beaucoup de difficultés dans sa restauration, *tant par l'effet du mauvais sol, que parce qu'il y gèle à peu près chaque jour de l'année,* suivant M. *Delamarre.* Les semis de bouleaux faits en 1811 sur labours à la charrue, n'ayant point réussi, des semis de pins maritimes et de pins d'Écosse y ont été faits en 1813 et années suivantes avec un plein succès. Les pins rivalisent entre eux et offrent la plus belle végétation.

N°. 8. *La vente des renardières.* Les vides assez nombreux de cette vente, épars çà et là dans le taillis, ont été défrichés à bras d'hommes en 1810, et semés, en 1811 et 1812, en pins maritimes et pins sylvestres d'Écosse, mélangés dans la proportion de sept de maritimes pour un d'Écosse. Ils vont en général très-bien.

N°. 9. *La vente de dessus le parterre*, descendant au prieuré du parc, est une des plus belles en bois feuillus, dont elle présente de très-beaux arbres sur un superbe taillis. Quelques pins maritimes et d'Écosse y ont été semés en 1813, assez inutilement. C'est en partie dans cette vente que se trouvait la belle futaie de sapins abattue en 1776. Une grande allée de hêtres y a été plantée. Elle s'est peu à peu remplie d'un taillis de chênes très-vigoureux.

N°. 10. *La vente de la mare Lanterne* offrait, comme la précédente, peu de vides. Le taillis y est généralement beau. Quelques semis peu importans y ont été faits, en 1814 et 1815, après la coupe du bois, sur de petits vides qui s'y trouvaient.

N°. 11. *La vente du haut-bois.* Le taillis de

cette vente ne présentait de vides que dans la partie en côte. On y a semé de la graine de bouleau en très-grande quantité, avec des graines de pins maritimes et de pins d'Écosse.

N°. 12. *La vente de dessous le château*, généralement d'un beau taillis, n'avait que très-peu de vides, qui ont été semés, en 1817, en pins maritimes et pins d'Écosse.

Observation.

Le bois du parc, ainsi qu'on vient de le voir, avait de très-grandes clairières dans la partie intermédiaire ou dans les escarpemens de sable de bruyère à silex fracturés. Les semis de pins qui y ont été faits offrent tous la plus belle végétation. Le sable noir, dans lequel ils se trouvent, est, en été, si brûlant qu'aucun autre arbre n'y peut réussir ; cependant nous avons remarqué que, dans quelques parties, ce sable noir repose sur un fond de sable rouge, plus ou moins argileux, dans lequel les mélèses réussissent très-bien, ainsi que le prouvent quelques individus semés, malheureusement beaucoup trop rares, et qui promettent la plus belle végétation.

Bois-Garenne.

Le bois-garenne, de dix hectares d'étendue, est une création de M. *Delamarre*. C'était autrefois une remise à gibier, fermée de murs, sur laquelle il existait quelques vieux chênes et gros hêtres, qui prouvaient que cette partie avait été anciennement couverte de beaux bois, mais qu'elle n'était plus, depuis l'abandon du château, qu'une mauvaise pâture. Le sol est ici, comme dans les autres bois, argileux sur le haut et dans le fond, mais sablonneux et caillouteux sur les pentes. Le labourage a été en grande partie fait à la charrue, et le reste à bras d'hommes, de 1812 à 1813, et le tout semé en pins maritimes et en bouleaux. On y trouve quelques mélèses de la plus grande beauté, qui font regretter qu'ils ne soient pas plus multipliés. Cette garenne offre un beau massif de pins, qui est divisé en six ventes, savoir :

N°. 1. *La vente de Pierre Yves* est presque toute entière en escarpement. On y trouve un très-vieux bouleau porte-graine, qui en a semé sur toute la côte. Outre les semis de pins maritimes et de pins sylvestres de 1815, 1816, 1817 et 1821, on y voit des pins de transplantation d'une belle venue.

N°. 2. *La vente Leboul* fut défrichée en partie à la charrue et en partie à bras en 1815, et semée en pins maritimes et pins d'Écosse, mais ressemée de nouveau en 1822. Cette jeune plantation est d'une très-grande beauté.

N°. 3. *La vente Henri-Juin* est une des plus belles qu'il soit possible de voir. Les semis de pins maritimes faits sur le labourage à la charrue, en 1813, ceux de pins sylvestres en 1816 et 1819, et les transplantations de la même année, ont parfaitement réussi. Quelques épicéas se trouvent dans cette vente ; ils auraient pu y être multipliés avec succès, surtout dans le fond, où les pins de Weymouth auraient également été parfaitement placés, comme dans la vente qui suit.

N°. 4. *La vente de la mare des bois*, défrichée en 1813, sur le plateau, à la charrue, et à bras d'hommes sur la côte, a été semée, en 1814, 1815 et 1816, en pins maritimes et en pins d'Écosse. Elle est d'une grande beauté. On y trouve, à ses extrémités, quelques pins de Weymouth et des épicéas qui prouvent que ces deux belles espèces convenaient essentiellement dans le fond, et auraient dû y être multipliées plutôt que les pins maritimes et les pins sylvestres.

N°. 5. *La vente Pécourt* a également été défrichée, en 1813, à la charrue et à bras, suivant l'état du sol. Les semis faits en 1814 et 1815 en pins maritimes, et pins sylvestres d'Écosse en 1816, ont été regarnis et fortifiés de quelques transplantations en 1822 et 1824.

N°. 6. *La vente Borel,* comme les précédentes, a été défrichée en 1813, partie à la charrue, partie à bras, et les semis faits immédiatement en pins sylvestres et pins maritimes, avec des transplantations dans les années suivantes. Dans quelques parties, le chêne s'élève avec les pins, et nous pensons qu'il conviendrait de le ménager. On y trouve enfin quelques mélèses de la plus grande beauté, qui prouvent combien cet arbre admirable aurait bien réussi dans ce terrain.

Observation.

Un chemin d'exploitation ou de vidange est nécessaire dans le bois-garenne. M. *Delamarre* en avait projeté un dans la partie du nord ; il devait aboutir sur le chemin extérieur. Nous pensons qu'il conviendra de l'ouvrir et de le clore de barrières (1). Les fossés d'enceinte

---

(1) M. *Delamarre* avait fait faire une grande quantité de barrières en chêne et en hêtre, qui sont déposées au château, et qui peuvent être placées en tête de tous les chemins qui ne sont pas dus.

sont en général en bon état, et dans quelques parties ils sont soutenus par de fortes haies d'ajonc ou genêt épineux contre les attaques des bestiaux. Le bois-garenne, créé par M. *Delamarre*, est une très-belle amélioration. Elle peut servir d'exemple ; mais la croissance et la belle végétation des mélèses, des pins de Weymouth et de quelques épicéas qui s'y trouvent par places, font regretter que notre infatigable planteur n'ait pas multiplié ces belles espèces, qui convenaient essentiellement à quelques parties du sol de la garenne ; et quant au chemin du fond de la *banque*, ou vallée sans eau, qui est dans ce bois, il aurait pu y faire une belle plantation d'arbres feuillus, qui, d'après l'excellente qualité du fond et sa fraîcheur, ne pouvaient manquer de bien réussir, ainsi qu'on le voit dans le prolongement de cette *banque* dans le bois du parc.

Bois-Masure.

Le bois-masure était un verger de quatre hectares et demi, sur lequel se trouvait une petite métairie qui avait remplacé l'ancien chenil du château d'Harcourt. M. *Delamarre* le convertit, en 1822, en plantations de pins, après l'avoir divisé en trois parties, qui furent successivement défrichées par sillons au lieu d'un entier labour, ainsi qu'on l'avait fait dans les autres plantations : les semis furent faits en avril 1823 et 1824, en graines mélangées de sept de pins maritimes pour une de pins sylvestres d'Écosse. La force de l'herbe et son abondance ayant, en partie, étouffé les jeunes semis, on a fait, entre les sillons, en 1826, de nouveaux défrichemens qui ont été semés comme les précédens. Quoique cette plantation s'annonce actuellement de la manière la plus favorable, en voyant la vigueur de l'herbe qui la couvre presque entièrement et qui semble rivaliser avec les pins semés en 1826, on ne peut s'empêcher de regretter que cette terre ne soit plus en verger, qui, avec quelques soins, aurait pu être encore amélioré. Au reste, nous ne doutons point que le bois-masure ne soit un jour une des plus belles plantations de M. *Delamarre,* qui aurait pu profiter de la nature du fond pour y planter d'autres belles essences résineuses dont le succès était assuré.

Ancien Verger.

L'ancien verger, planté par M. *Delamarre*, en 1822, est encore une preuve de son amour exclusif pour les plantations de pins. Ce verger, cultivé avec succès, était couvert de jeunes arbres fruitiers qui venaient très-bien, et que divers habitans d'Harcourt ont replantés avec succès dans leurs vergers. Après l'avoir labouré par sillons alternés avec des sillons non labourés, on y sema, en avril 1823, des pins maritimes, des pins sylvestres et une petite partie de pins-laricios de Corse. On peut juger de la bonne qualité du fond par la belle végétation de ces pins, et par l'abondance et la hauteur des herbes qui rivalisent avec eux. Nous y avons reconnu, avec intérêt, des pins-laricios de Corse donnés par M. *Bosc* à M. *Delamarre*, qui les apporta de Paris et les planta lui même, et les pins de Chine, *pinus massoniana*, de sir *Lambert*, dont M. *Noisette* avait reçu les graines de la Société d'horticulture de Londres.

Ancien Potager, Grand Parterre, Quinconce, Cour d'Honneur, Basse-Cour, petit Pré.

Il nous reste, Messieurs, à vous parler :

1°. de l'*ancien Potager du Château.*

L'ancien potager, abandonné depuis plus de cinquante ans, est entouré de murs construits avec soin en silex et en chaux, avec de beaux chaperons de briques, mais qui, faute d'entretien, commencent à tomber en ruine. La culture des hortolages y a été remplacée par des massifs de peupliers d'Italie, qui ne végètent que médiocrement (1); par des ormes, qui s'annoncent assez bien ; des frênes, qui réussissent bien ; des érables-négundos, auxquels le sol ne convient aucunement, et des sycomores, qui ne viennent que très-inégalement. Quelques semis de pins de Weymouth ont été faits au pied de l'espalier du nord ; ils sont perdus dans les herbes, qui poussent avec une vigueur attestant la bonté du sol, et exigeant par conséquent de fréquens binages. Enfin, quelques roses solitaires, qui semblent s'y plaindre du triste abandon dans lequel leurs tiges éparses végètent sans culture, indiquent encore les belles allées de ce jardin qu'on ne peut parcourir sans éprouver un sentiment de peine et de regret.

2°. *Grand parterre.* Le grand parterre, dont

---

(1) Nous avons vu avec regret que M. *Delamarre* n'avait planté et protégé que le peuplier d'Italie. Nous pensons qu'il conviendra que la Société d'agriculture fasse une pépinière d'arbres de toute espèce à Harcourt, et qu'elle y introduise nos autres peupliers, qui ne peuvent que très-bien réussir dans ce pays.

nous avons déjà parlé, fut fait lors de la dernière restauration du château, en 1700, après avoir comblé les fossés et rasé le mur d'enceinte et les tours du côté du parc. Entièrement abandonné depuis plus de cinquante ans, il ne présente plus aucun vestige du parterre. Ce n'est plus aujourd'hui qu'une pâture, dont la qualité de foin semble prouver que le fond n'en est pas aussi mauvais que le dit M. *Delamarre*, ce que justifient d'ailleurs assez bien les beaux massifs de platanes, d'ormes et de hêtres qui sont autour. Le goût prédominant de M. *Delamarre* pour les pins l'avait décidé à en planter sur ce parterre où nous avons trouvé quelques pins d'Écosse et maritimes épars çà et là, avec des pins du nord.

3°. *Quinconce.* Le quinconce est une des premières plantations faites par M. *Delamarre,* en remplacement de la belle plantation d'ormes plus que centenaires qui dépérissaient. Les arbres qu'il a plantés sont des ormes, des sycomores, des hêtres et des peupliers d'Italie. Ces derniers ne paraissent point se plaire dans ce terrain. Si cette plantation avait été bien soignée, elle pourrait être plus belle et plus avancée qu'elle ne l'est.

4°. *Cour d'honneur, basse-cour, petit pré.*

Les plantations faites dans la cour d'honneur, la basse-cour et le petit pré sont peu importantes ; elles consistent en quelques bouquets d'ormes, de platanes et de peupliers d'Italie. Bien disposées, ces plantations auraient pu produire un effet tout-à-fait pittoresque au milieu des ruines des tours et de la vieille muraille d'enceinte de la basse-cour. Les peupliers d'Italie, qui y sont plantés en double rangée dans les ruines de la vieille forteresse, ne viennent que médiocrement; ce sol ne paraît pas leur convenir.

Gardes forestiers, Concierge, Ouvriers.

Avant de quitter Harcourt, nous ne pouvons nous dispenser de vous parler de vos deux gardes forestiers, les sieurs *Binot*, principal garde à Harcourt, et *Lesage*, second garde ; l'un et l'autre anciens et fidèles serviteurs de M. *Delamarre*, connaissant parfaitement toutes ses plantations et les travaux à y faire suivant les instructions qu'il leur avaït tracées. *Binot* nous a accompagnés dans l'examen détaillé que nous avons fait des bois et plantations d'Harcourt, Beauficel, Valville, etc. L'ouvrage de M. *Delamarre* à la main, nous avons pu juger, par la vérification continuelle des détails, combien il possédait l'histoire de ces nombreux semis, combien sa mémoire était fidèle, quelle attention il a apportée dans l'exécution des instructions qui lui ont été données, et par conséquent celle qu'il apportera à suivre et exécuter vos ordres.

La veuve *Binot*, mère du garde *Binot*, est concierge du château; elle avait la confiance de M. *Delamarre*, elle mérite aussi la vôtre, Messieurs, et nous ne saurions trop vous la recommander.

Ouvriers à l'année. Nous avons également vu avec intérêt les cinq ouvriers attachés aux travaux annuels de création, de culture et de restauration de vos semis et plantations, et nous les avons engagés à continuer leurs travaux avec le même zèle et la même fidélité qui leur avaient mérité la confiance de M. *Delamarre*, leur assurant que vous porteriez à eux et à leurs familles le même intérêt que leur portait leur bienfaiteur.

RÉSUMÉ ET CONCLUSION.

Ici, Messieurs, se terminent nos observations sur les belles et nombreuses plantations de pins de M. *Delamarre*. Nous ne pouvons entièrement partager son opinion sur la richesse millionnaire qu'il a pu être dans l'intention de vous léguer. Le succès de ses semis et plantations est certainement assuré ; mais nous devons vous déclarer que les produits, d'ailleurs encore bien éloignés, ne s'élèveront jamais au taux où son enthousiasme pour sa création de pins les lui faisait porter.

Au reste, les plantations de M. *Delamarre* sont une grande et importante amélioration, qui aura et qui a déjà les plus heureux résultats, par les nombreux imitateurs, qui s'empressent de suivre l'exemple qu'il leur a donné. Déjà les friches et les landes des environs se couvrent de pins : ainsi, M. le marquis *d'Aligre*, pair de France, vient de faire semer plus de cent hectares de friches au dessus des bois de Valville et de Beauficel ; ainsi M. *Ricard* a fait d'immenses plantations de pins aux environs de Rouen ; ainsi M. le comte *de Revillasc*, propriétaire de la belle terre de la Fontaine de la rivière de Thibouville, a planté les friches qui étaient dans ses propriétés ; ainsi MM. *Hervieu* et *le Breton* ont fait des semis et des plantations de pins dans le voisinage du bois de Beauficel. Nous pourrions citer encore plusieurs autres exemples qui donnent lieu d'espérer que bientôt les landes immenses des bassins de la Seine, de l'Iton, de la Rille et de quelques vallées affluentes, se recouvriront de bois et de plantations, dont le succès ne peut être mis en doute quand on voit la prospérité des plantations faites par M. *Delamarre*, dans les sols et les terrains les plus ingrats. Dans beaucoup d'endroits, on aurait pu, avec une certaine raison, mettre ce succès en doute; mais la persévérance de notre infatigable planteur a triomphé de toutes les difficultés. Appelés à recueillir le fruit de ses travaux, vous avez, Messieurs, des obligations à remplir; vous avez contracté des engagemens en acceptant le legs qu'il vous a fait. Aussi pénétrés que nous sommes des intentions de M. *Delamarre*, nous croyons ne pouvoir mieux finir le compte rendu de nos observations à Harcourt et l'exposé de nos propositions qu'en vous remettant sous les yeux les avis et instructions que M. *Delamarre* a lui-même exprimés et consignés dans l'historique de sa création d'une richesse millionnaire, pour servir de règle dans l'administration, l'exploitation et l'aménagement de ses belles plantations.

« *J'insiste beaucoup*, dit-il, *auprès de mes héritiers*, *pour qu'ils donnent des soins tout particuliers et pour qu'ils mettent beaucoup de discernement dans le choix des personnes auxquelles ils accorderont leur confiance.*

» *Ainsi, d'en agir à cet égard avec réserve, circonspection et une sage lenteur; ne faire de choix définitif qu'en toute connaissance de cause, et, jusque-là, adopter pour règle de n'employer que l'épreuve.*

» *Prendre d'ailleurs en grande considération la réputation suffisamment établie, et ne se déterminer pour le savoir et l'intelligence, tout indispensables qu'ils soient l'un et l'autre, qu'autant qu'ils seront accompagnés de ce qui leur donne du prix et de la valeur, je veux dire la probité exemplaire, les bonnes mœurs et la bonne conduite suffisamment caractérisées pour être offertes en modèle.*

» *En un mot, n'accepter le service que de ceux qui seront véritablement dignes de la confiance de mes héritiers, et constamment propres à les représenter, puisqu'ils seront, j'ose m'en flatter, d'un rang dans le monde et d'une élévation de sentimens, qui exigeront de la part de leurs employés une grande instruction et une grande moralité.*

» *J'invite encore, et itérativement, mes successeurs à faire tenir état des produits qu'ils re-*

*tireront de ma culture en bois résineux, sous le double rapport du produit net et du produit brut ou de la richesse des travaux, en même temps que du profit du maître, afin d'être en état d'en rendre compte, s'il arrivait que cela fût utile à connaître et à publier; et, pour cela, d'étendre leurs soins jusqu'à préciser l'époque de l'obtention des produits, puisque l'intervalle du temps des semis à celui de la récolte doit être pris en grande considération pour apprécier les avantages de ces produits avec exactitude et sous tous les rapports, notamment lorsqu'on veut comparer les profits d'une culture hâtive, telle que celle des pins maritimes, avec les profits de la culture des pins sylvestres, des pins-*laricios *et autres espèces plus ou moins tardives, mais dont les produits doivent être à-la-fois plus élevés et plus avantageux pour la Société consommatrice.*

» *Je réclame également l'attention de mes héritiers sur mes semis et mes transplantations d'espèces particulières, pour que les sujets en soient conservés assez long-temps pour se trouver en état de faire apprécier les avantages de leur culture dans ma contrée, et pour avoir les premiers moyens de les multiplier en tout ou en partie, si leur végétation est suffisamment satisfaisante, pour les faire succéder aux espèces communes, que j'ai été dans la nécessité de choisir préférablement à celles qui leur sont supérieures.*

» En définitive, j'aurais bien pu préparer par ma culture le double moyen d'obtenir des produits notables, et d'offrir la preuve matérielle de la possibilité de créer de grandes richesses sur des sols incultes, indépendamment de l'avantage de procurer des moyens d'occupation et des moyens de consommation; mais c'est à mes héritiers qu'il appartient de lui donner de la valeur, et de remplir l'objet de ma préparation en perfectionnant ce que je n'aurais pu qu'ébaucher. Ce seront donc eux qui, par leurs soins, par les travaux qu'ils feront exécuter, et par leur gestion exemplaire, auront le principal mérite de faire résulter de ma culture tous les avantages que je m'en promets, avantages qui peuvent être indéfinis, si j'obtiens pour successeur la Société royale et centrale d'agriculture, puisqu'elle en ferait perpétuellement et exclusivement un objet d'utilité publique. »

COMMISSION ADMINISTRATIVE DE LA SUCCESSION *DELAMARRE*.

Après avoir entendu le rapport fait par M. *Héricart de Thury*, au nom de Messieurs les Commissaires chargés de la prise de possession du domaine d'Harcourt et autres propriétés provenant de la succession de M. *Delamarre*, au nom de la Société royale et centrale d'agriculture,

La Commission administrative de ladite succession décide

Que la première partie de ce rapport, à raison de l'intérêt qu'elle présente sous le triple motif des défrichemens, des plantations d'arbres résineux et de leur aménagement, sera imprimée dans le Recueil des *Mémoires* de la Société, et tirée à part pour être distribuée à tous ses membres et correspondans.

Ainsi délibéré en séance.

Paris, le 9 juillet 1828.

HÉRICART DE THURY, *Président de la Commission administrative de la succession* Delamarre;

CHALLAN, *Secrétaire de ladite Commission.*

TABLE DES MATIÈRES.

FIN DE LA TABLE DES MATIÈRES.

www.ingramcontent.com/pod-product-compliance
Ingram Content Group UK Ltd.
Pitfield, Milton Keynes, MK11 3LW, UK
UKHW022130260726
13993UKWH00003B/1338

9 782329 484853